全国职业院校烹饪专业教材

西餐烹调基础习题册

刘建怡　主编

中国劳动社会保障出版社

图书在版编目（CIP）数据

西餐烹调基础习题册 / 刘建怡主编 . -- 北京：中国劳动社会保障出版社，2023
全国职业院校烹饪专业教材
ISBN 978-7-5167-5731-4

Ⅰ.①西… Ⅱ.①刘… Ⅲ.①西式菜肴 - 烹饪 - 中等专业学校 - 习题集 Ⅳ.①TS972.118-44

中国国家版本馆 CIP 数据核字（2023）第 077532 号

中国劳动社会保障出版社出版发行
（北京市惠新东街 1 号　邮政编码：100029）

*

北京市科星印刷有限责任公司印刷装订　　新华书店经销
787 毫米 × 1092 毫米　16 开本　3.25 印张　58 千字
2023 年 5 月第 1 版　　2023 年 5 月第 1 次印刷
定价：9.00 元

营销中心电话：400-606-6496
出版社网址：http://www.class.com.cn
http://jg.class.com.cn

目　录

第一章 导 论

一、填空题

1. 西餐发展至今已有数千年历史，其发展历史可分为古代西餐、中世纪西餐、________3 个阶段。

2. 在食品加工中最早使用的甜味剂是________，最早使用甜味剂的国家是________。

3. 公元 4 世纪，________成立了专门的烘焙协会。

4. ________世纪是西餐发展的鼎盛时期。

5. 1765 年，伯郎格在法国的________开设了第一家真正的法国餐厅。

6. 被誉为 20 世纪烹饪之父的是________，其最大贡献是对________和________。

7. 18 世纪法国出现了一位饮食鉴赏家让·安塞尔姆·布里亚·萨瓦里，他在《品尝解说》中对各种菜肴做了评价，并以________的形式综述了菜肴与饮料。

8. 1900 年法国出版了________一书，此书专门介绍重要的法国餐厅和饭店。

9. 西餐是我国人民对________菜肴的总称。

10. 清朝的后期，西方人在我国的一些大城市如上海、北京等地开办了不少西餐厅，当时这些西餐厅被称为________。

11. 改革开放后，西餐在我国发展迅速，老牌饭店经营的西餐菜式以________为主。

12. 法国国王路易十四经常在刚落成的凡尔赛宫为他的 300 名厨师举办烹饪大赛，优胜者由皇后授予________，此奖项就是流传至今的________。

13. 法国菜在烹调时重视酒的使用，烹调鱼类用________，烹调其他海产品用白兰地酒、香槟酒、茴香酒，烹调畜类用________，烹调野味用________，烹调火鸡用香槟酒。

14. 意大利优越的地理条件使意大利的农业和食品工业都很发达，产于意大利的面条、奶酪、________、________在世界各国畅销。

二、选择题

1. (　　) 在意大利菜烹调中使用较多。

A. 黄油　B. 花生油　C. 牛油　D. 橄榄油

2. 典型的北美菜有火鸡沙拉、仙人掌鳄梨沙拉和（　　）等。

A. 菠萝烤猪排　B. 比吉达猪排　C. 牛尾汤　D. 罐焖牛肉

3. 影响较大的西餐菜式有法国菜、意大利菜、德国菜、俄罗斯菜、北美菜和（　　）。

A. 英国菜　B. 西班牙菜　C. 瑞典菜　D. 波兰菜

4. 下列哪一项不是典型的法国菜。（　　）

A. 焗蜗牛　B. 洋葱汤　C. 鹅肝酱　D. 烤火鸡

5. 制作德国菜时，（　　）使用比较普遍。

A. 番茄酱　B. 酸白菜　C. 橄榄油　D. 啤酒

6. 典型的俄国菜有（　　）。

A. 马令古鸡　B. 煎牛扒　C. 鱼子酱　D. 红菜头汤

7. 20 世纪五六十年代，（　　）在我国发展较快。

A. 意大利菜　B. 俄罗斯菜　C. 英国菜　D. 德国菜

8. 德国菜以肉类菜为主，烹调时海鲜原料使用较少，（　　）原料使用较多。

A. 牛肉　B. 羊肉　C. 猪肉　D. 鸡肉

9. 烹调墨西哥菜时大量使用地域鲜明的原料，如（　　）、玉米、花生、鳄梨等。

A. 仙人掌　B. 菠萝　C. 甘蔗　D. 西瓜

三、判断题

1. 所有外国菜都可以称为西餐。（　　）

2. 西餐是西方人对西方餐饮文化的统称。（　　）

3. 我国早期的西餐厅常被称为番菜馆。（　　）

4. 西餐烹调在选料上局限性很大。（　　）

5. 多用红烩、煎、扒等烹调方式烹调意大利肉类菜肴。（　　）

6. 英国菜烹调工艺较为复杂。（　　）

7. 烹调俄罗斯菜时较少使用蒸和煮这两种烹调方法。（　　）

8. 英国虽是岛国，但英国人很少吃海鲜，比较偏爱禽类肉、羊肉、牛肉和野味等。（　　）

9. 20 世纪是西餐发展的鼎盛时期。（　　）

10. 意大利菜制作时讲究突出原料自身的味道，并喜欢用奶酪。（　　）

11. 西餐工艺是研究西餐制作方法和西餐原料的一门学科。（　　）

12. 德国啤酒的消费量居世界前列，德国人在烹调菜肴时常用啤酒调味。（　　）

13. 西餐烹调所用原料较厚大，烹调时不易入味，所以在出品时常配有少司。（　　）

四、简答题

1. 西餐工艺的发展趋势是什么？请展开论述。

2. 简述西餐工艺的特点。

3. 西餐工艺的研究对象是什么？西餐工艺的基本内容有哪些？

4. 简述法、英、德、俄、意、北美等国菜式的主要特点。

五、实训题

对你所在地区的餐饮市场进行调研，并根据调查结果回答下列问题：

1. 本地区的五星级饭店都设有哪些部门？

2. 列出本地区 5~10 家独立经营的西餐企业的名称，并说出各家西餐企业的经营规模、经营特色和经营风格。

3. 预测本地区西餐行业的发展前景并说明理由。

第二章　西餐厨房管理基础知识

一、填空题

1. 西餐厨房组织不仅是一个生产系统，还是一个________。

2. 设计厨房组织结构的目的是________，使各项工作得以快速、有效、适时地完成。

3. 中型西餐厨房应按________进行部门划分。

4. 影响西餐厨房组织的因素有：企业规模的大小、菜单中菜肴品种的多少、________。

5. 建立和完善西餐厨房组织应遵循以下 3 项原则：有效性原则、统一指挥原则、________。

6. 做好原料卫生管理的主要措施有：科学解冻原料、加热过程严格控制火候、生熟食物要分开存放、及时冷藏加工好的原料、________。

7. 工作人员的卫生状况和________对食品的卫生有重要影响。

8. 工作人员个人卫生管理包括工作人员身体健康管理、工作人员卫生法规培训管理、________3 个方面。

9. 在健康检查中发现患有________、肝炎、肺结核、渗出性皮炎等传染性疾病者，应立即脱离工作岗位。

10. 厨房工作人员工作前要将手和________按洗手程序进行严格清洗。

11. 西餐厨房环境卫生管理是指对食品加工过程中的空间环境的卫生管理，包括室内环境的卫生管理、废弃物处理和________3 个方面。

12. 厨房废弃物的种类很多，处理时应做到以下几点：________、垃圾桶加盖、清扫垃圾桶周围地面。

13. 防治虫鼠害的基本方法有 3 种：消除外部隐患、消除内部隐患、________。

14. 厨房安全事故大致包括以下几个方面：跌伤、撞伤、扭伤、切伤、烫伤、________。

二、选择题

1. 西餐厨房组织是由（　　）决策建立起来的群体。

A. 餐饮企业管理者　　B. 厨师长

C. 厨师　　D. 餐饮企业经营者

2. 大型西餐厨房中，（　　）通常负责厨房的生产与管理。

A. 厨师长　　B. 行政总厨师长　　C. 副总厨师长　　D. 部门厨师长

3.（　　）是餐饮企业的生命和形象。

A. 西餐厨房卫生　　B. 工作人员形象　　C. 厨师水平　　D. 菜肴的口味

4.（　　）是西餐厨房食品卫生管理的首要环节。

A. 员工卫生管理　　B. 厨房环境卫生管理

C. 食品卫生管理　　D. 原料卫生管理

5.（　　）使西餐厨房的组织制度有章可循，使厨房内各种生产工作得到具体落实。

A. 岗位责任制　　B. 工作制度　　C. 职责手册　　D. 劳动纪律

6. 厨房工作人员上岗前必须到（　　）进行体检。

A. 社区医院　　B. 防疫部门或疾控中心

C. 三甲医院　　D. 体检中心

7. 西餐厨房岗位设置原则是以工作定岗，（　　）。

A. 以关系定岗　　B. 以技术定岗

C. 以工作量定人　　D. 以岗定人

8. 行政总厨师长负责整个西餐厨房的全部管理工作，包括菜单制定、食品采购、（　　）、排班等。

A. 成本核算　　B. 原料验收　　C. 制作热菜　　D. 制作清汤

9. 冷冻的肉类、禽类和鱼类原料建议用控制温度的方法解冻，解冻温度可控制在（　　）℃或以下。

A. 4　　B. 6　　C. 8　　D. 10

10. 贝类和海鲜类原料解冻后，必须在（　　）h 内使用。

A. 6　　B. 8　　C. 10　　D. 12

11.《中华人民共和国食品安全法》规定，厨房工作人员必须每（　　）进行一次健康检查。

A. 1 个月　　B. 半年　　C. 1 年　　D. 3 年

12. 为保证人身安全及食品卫生，厨房、餐厅宜采用（　　）灭鼠。

A. 断绝老鼠食物来源的方法　　B. 器械

C. 药物　　D. 切断老鼠进入通道的方法

三、判断题

1. 厨师应精通各种菜肴的烹调。 (　　)

2. 厨房卫生管理应包括及时维修设备、容器、工具等方面的内容。 (　　)

3. 加工制作宴会上的冷热甜品是冷菜厨师的主要工作之一。 (　　)

4. 小型西餐厨房一般由一名厨师负责全部菜肴和点心的加工和管理工作。(　　)

5. 最适宜在流水中解冻贝类和海鲜类原料，这类原料在流水中最多不能超过 4 h。 (　　)

6. 西餐厨房岗位责任制规定了厨房中每个工作岗位的任职条件，每个工作人员的工作责任和权限等。 (　　)

7. 对于开封后没有使用的原料和加工剩余的原料，应对其进行油渍清理或再加热处理，并将其盛入经过消毒的专用容器中，放入冰箱保存。 (　　)

8. 厨房工作人员若被电烧伤，创伤表面要尽快用衣物敷盖，以防止创伤表面被污染。 (　　)

四、简答题

1. 厨房中负责制作少司的厨师是否需要具备行政总厨师长的技能？请阐述理由。

2. 应如何妥善保存剩余原料？

3. 如何设计西餐厨房组织的结构？说一说小型厨房组织、中型厨房组织、大型厨房组织各自的特点。

4. 烹饪专业毕业的学生一定会成为一名合格的厨师吗？请说一说你的看法。

五、案例分析

某四星级酒店餐饮部经理最近听到不少老客户反映餐厅制作的豆制品菜肴口味不如以前，质量有所下降。餐饮部经理和厨师长经过分析认为：最近厨房管理工作一直做得比较好，厨师们工作比较认真，问题根源不在餐饮部。餐饮部经理进一步调查以后发现，采购部的采购人员更换了豆制品供应商，新供应商供应的豆腐是石膏豆腐而不是以前使用的卤水豆腐，这直接影响了豆制品菜肴的质量。调查中餐饮部经理还发现，更换供应商并不是因为以前供应商供应的豆腐质量有问题或价格较高，而是因为酒店采购人员与新供应商关系比较好。

根据以上案例，思考并回答下列问题：

1. 该酒店发生这类采购事件的原因是什么?

2. 该酒店应采取哪些措施来避免再次发生类似问题?

第三章　西餐厨房设备与工具

一、填空题

1. 明火焗炉又称________，是一种小型的墙上明火炉。

2. 微波炉被称为“现代厨房的标志”，具有热效率高、快速省事、卫生、________等特点。

3. 万能蒸烤箱集________、________于一体，是现代西餐厨房首选设备之一。

4. 扒炉结构与煎灶相仿，只是其表面不是铁扒，而是________。

5. 厨叉分量重，可用来拣或________肉或其他食物。

6.________主要用来搅拌食物或从液体中捞起固体食物。

7. 扁铲有硅胶和________两种材质的，可用来刮糊状食物、搅拌鸡蛋和奶油。

8.________有木质的和金属的两种，用于拍打肉类原料，使肉类原料质地松软，便于烹调。

9. 通常立式搅拌机配备 3 种搅拌工具，即抽子、搅拌桨和________。

10. 一般不能往微波炉内放任何金属，因为金属反射的射线会损伤________。

二、选择题

1. 炒盘也叫煎盘，不适宜用来（　　）。

A. 煎鱼　　B. 调制少司　　C. 煎蛋卷　　D. 煎猪排

2. 微波炉是应用高频电磁场对介质加热的原理，使食物分子剧烈振动而产生高热的，可使食物（　　）。

A. 先外后内受热　　B. 先内后外受热　　C. 四周受热　　D. 内外同时受热

3. 冷藏冰箱能使食物储存在（　　）℃以下的环境中。

A. –5　　B. 0　　C. 4　　D. 10

4.（　　）可用来撇去液体食物中的泡沫和汤中的固体碎屑。

A. 油炸铲　　B. 煎铲　　C. 撇沫器　　D. 蛋铲

5. 使用机器高温消毒，消毒温度应设置为（　　）℃及以上。

A. 80　　B. 82　　C. 60　　D. 65

6. 对设备消毒时，通常采用（ ）消毒法。

A. 远红外线 B. 煮沸 C. 消毒机清洗 D. 化学制剂

7. 下列说法正确的是（ ）。

A. 使用微波炉时必须空载加热

B. 放入微波炉的食物越多，烹调需要用的时间越短

C. 使用微波炉制作菜肴时，菜肴成品表面有金黄色外壳

D. 微波炉的功率越高，产生的能量越大，给食物加热速度越快

8. 保温设备一般可使食物温度保持在（ ）℃以上。

A. 45 B. 55 C. 60 D. 65

9. 下列说法正确的是（ ）。

A. 最好不要用保温灯为炸薯条等炸制食物保温

B. 在搅拌机运转时，可将勺子伸入搅拌桶中处理物料

C. 食物在冷藏冷冻设备中，可紧密摆放在一起来节省空间

D. 用微波炉加热密封食品时，应将食品包装打开，以免食品包装爆炸，损坏设备

10. 榨汁机的出汁率与榨汁机的功率有关，西餐厨房中一般使用（ ）W 及以上功率的榨汁机。

A. 700 B. 800 C. 900 D. 1 000

三、判断题

1. 电烤箱是通过电能转换的红外线辐射热、炉膛内热空气的对流以及炉膛内金属板热传导使食物上色成熟的。（ ）

2. 使用炸炉时要注意，往炸槽内加固体脂肪时，应将炸炉温度调到 120 ℃，直至脂肪全部熔化。（ ）

3. 立式搅拌机的搅拌桨主要用来搅拌奶油。（ ）

4. 细滤网可用于过滤炸油。（ ）

5. 烤盘也可用来烤肉和烤鱼。（ ）

6. 剔骨刀刀片较厚。（ ）

7. 切酸性食物时最好不要使用由碳素钢制成的刀。（ ）

8. 万能蒸烤箱较先进，一般采用计算机控制。（ ）

9. 厨房工作人员在传递刀具时要手握刀背，将刀柄递给对方。（ ）

10. 清洗厨房电动设备前，应先将电源切断。（ ）

11. 厨房器皿清洗完成后，可攒到一定量再一起消毒。（ ）

四、简答题

1. 西餐厨房常用保温设备有哪些？说一说它们的用途。

2. 万能蒸烤箱有什么特点？使用时应注意什么？

3. 使用切碎机的注意事项有哪些？

4. 切碎机与榨汁机在用途上有哪些区别?

5. 使用冷藏冷冻设备的注意事项有哪些?

第四章　西餐烹调常用原料

一、填空题

1. 西餐烹调常用的畜类原料包括畜肉、畜肉制品和________。

2. 世界上肉用牛主要产地有澳大利亚、美国、加拿大、________和________等国家。

3. 我国饲养的传统的肉用牛主要是________，其次是牦牛、水牛等。

4. 小牛肉是指屠宰的________个月大的牛的肉。

5. 羊分________和山羊 2 种。肉用羊大都用________培育。世界上绵羊肉的主要产地有澳大利亚和________2 个国家。

6. 西餐中________菜制作时使用猪肉较多。

7. 肌肉组织在畜类身体上的分布是不均匀的，畜类的臀部和________有大量的肌肉组织，________肌肉组织较少。

8. 骨骼可分硬骨与________2 种。一般家畜的骨骼以________为主。

9. 世界著名的火腿品种有法国烟熏火腿、苏格兰整只火腿、德国陈制火腿、________火腿和________火腿等。

10. 烟肉的一般加工程序是将________分割成块，用盐、多种香辛料及少量亚硝酸盐腌渍，再将其紧压、风干、________。

11. 世界上比较著名的香肠品种有法兰克福肠、意大利肠、腊肠、________香肠、________肠等。

12. ________又称起司，常用于制作各种焗类菜肴、冷菜、少司等，也可切片直接食用。

13. 新鲜的畜肉要放在________的温度下储存。

14. ________生产的鹅肝品质最佳，一般用它来制作鹅肝酱。烹调鹅肝的方法有烤、焖、烩等。其中，________是一道名贵菜肴。

二、选择题

1. 夏洛来牛产于（　　）。

A. 英国　　B. 法国　　C. 美国　　D. 瑞士

2. 典型的瘦肉型猪是（　　）。
A. 东北民猪　　B. 宁乡猪　　C. 兰得瑞斯猪　　D. 荣昌猪
3. 肌肉组织一般占畜类胴体的（　　）。
A. 30% ~ 40%　　B. 35% ~ 45%　　C. 50% ~ 60%　　D. 55% ~ 65%
4. 火鸡原生长于（　　）。
A. 英国　　B. 墨西哥　　C. 南欧　　D. 亚洲西部
5.（　　）具有生长快、出肉率高、肉瘦、味美的特点。
A. 宽胸火鸡　　B. 黑色火鸡　　C. 古铜色火鸡　　D. 野生火鸡
6. 肉用鹅的饲养周期一般为（　　）。
A. 10 个月　　B. 8 个月　　C. 1 年左右　　D. 1 年半
7. 肉用羊较一般肉质鲜嫩，肌间（　　）。
A. 脂肪多　　B. 肉汁多　　C. 筋多　　D. 纤维多
8. 洋葱原产地是（　　）。
A. 欧洲北部　　B. 亚洲西部　　C. 南美洲　　D. 东南亚
9. 产于（　　）的蜗牛肉为白色且质量好，是同类产品中的佼佼者。
A. 美国　　B. 意大利　　C. 法国　　D. 英国
10. 下列选项中，（　　）是鱼类原料腐烂的标志。
A. 全身气味新鲜、无臭味　　B. 鱼眼睛清澈、明亮突出
C. 鱼鳃为棕色或灰色　　D. 鱼鳞紧贴皮肤
11.（　　）、肥鹅肝和鱼子酱被并称为世界三大美食原料。
A. 羊肚菌　　B. 三文鱼　　C. 松露　　D. 蜗牛
12.（　　）是香菇中的上品。
A. 冬菇　　B. 平菇　　C. 薄菇　　D. 花菇
13. 适宜制作番茄酱的番茄品种是（　　）。
A. 红色番茄　　B. 粉色番茄　　C. 黄色番茄　　D. 樱桃番茄
14. 下列选项中，不属于优质土豆特点的是（　　）。
A. 外皮光滑　　B. 质地紧密　　C. 水分少　　D. 淀粉含量多
15. 优质白砂糖蔗糖含量为（　　）以上。
A. 95%　　B. 97%　　C. 99%　　D. 98%
16. 产于（　　）的芥末酱适用于制作沙拉类菜肴。
A. 法国　　B. 德国　　C. 英国　　D. 美国
17. 烹调（　　）时多用黑胡椒调味。
A. 鱼　　B. 贝类　　C. 牛肉　　D. 猪肉

18. 在制作鹅肝酱时，用（　　）腌制鹅肝。

A. 白兰地酒　　B. 香槟酒　　C. 葡萄酒　　D. 钵酒

19. 适用于海鲜类菜肴调味的香料是（　　）。

A. 鼠尾草　　B. 阿里根奴　　C. 百里香　　D. 莳萝

20. 下列选项中，符合羊肚菌特点的是（　　）。

A. 肉质脆嫩　　B. 有泥土的味道

C. 香甜可口　　D. 以上均是

三、判断题

1. 海福特牛原产于法国。（　　）

2. 构成畜类肌肉组织的基本单位是肌纤维。（　　）

3. 来自同一畜体的肉，脂肪熔点相同。（　　）

4. 黄色洋葱个儿大，色白且鳞片较厚，水分多，质地嫩，味甜，宜生吃。（　　）

5. 白皮土豆质地紧密，水分少，质量较差。（　　）

6. 白松露只有在意大利北部才能采得到，所以价格非常昂贵。（　　）

7. 生菜是莴苣的变种。（　　）

8. 使蔬菜保持新鲜的最好方法是把它们直接放在冰箱中冷藏保鲜。（　　）

9. 核桃又名胡桃，可作为多种菜肴的调味品。（　　）

10. 红色胡萝卜比黄色胡萝卜的营养价值高。（　　）

11. 辣根可生食。（　　）

12. 刺黄瓜色泽翠绿带有光泽，瓜瓣小，瓜籽少，肉质洁白多汁、脆嫩，口感清香，品质好。（　　）

13. 鹌鹑蛋小巧、美观，除可食用外还可作为菜肴的装饰。（　　）

14. 弯把儿青椒比直把儿青椒的品质好。（　　）

15. 红菜头的可食用部位是其变态的块根。（　　）

16. 奶油色蘑菇为人工培植的品种，口味鲜美，质地嫩脆，可鲜食，也可制成罐头。（　　）

17. 蜗牛肉营养丰富，现在普遍食用的是意大利玛瑙蜗牛，可用烩、焗等方法烹调蜗牛。（　　）

18. 黑胡椒和白胡椒品质和用法相同。（　　）

四、简答题

1. 简述畜肉的组织结构。

2. 常用的乳制品有哪些？简述它们的质量鉴别标准和储存方法。

3. 西餐菜肴中常用的禽类原料有哪些？新鲜和冷冻禽肉原料如何储存？

4. 简述储存贝类原料的方法。

5. 西餐烹调常用的调味品有哪些？

第五章　西餐厨房案前准备

一、填空题

1. 可使刀刃锋利的工具有磨石、磨刀棒和________3 类。

2. 天然磨石又可分为 2 种，即粗磨石和________。粗磨石多用于新刀开刃和磨砺有缺口的刀，________适用于磨刀刃锋口。

3. 刀工操作姿势中的“八字步”站法，即双脚自然分开，呈________状，上身挺直，略往前倾，腹部与操作台保持________左右的距离。

4. 切是使用最广泛的加工方法，主要适用于加工________原料。

5. 刀具用过后应及时用________冲洗，再用干净的干布擦干，以防氧化后出现________。

6. 常见的解冻冻肉的方法有自然解冻法、水泡解冻法、________、微波解冻法。

7. 初步热加工的方法有冷水加工法、沸水加工法、________3 种。

8. 小翻的操作方法是将煎盘端平稳，先往前送出，然后将煎盘略微________，与此同时将煎盘向后________，使食物翻转过来。

9. 拉翻一次约可使食物翻转________左右，操作时要________翻动。

10. 抖动煎盘适用于________或________时。

11. 煎盘的使用技巧有小翻、大翻、________、转动、________5 种。

12. 腌制的方法有熟后腌制、生腌、现食现腌、________等。

13. 大部分原料在炸制前需在其表面裹一层________或________。

二、选择题

1. 下列原料中，(　　) 宜采用直切法加工。

A. 香肠　　B. 土豆　　C. 牛肉　　D. 奶酪

2. 下列原料中，(　　) 宜采用锯切法加工。

A. 牛里脊　　B. 猪通脊　　C. 净鱼肉　　D. 火腿

3. 下列原料中，(　　) 宜采用反刀片进行加工。

A. 牛里脊　　B. 烤牛肉　　C. 净鱼肉　　D. 土豆

4. (　　) 的加工方法一般为剁断法。

A. 鸡爪　　B. 鸡排　　C. 肉馅　　D. 洋葱末

5. 番茄、黄瓜等如生食，应用 (　　) 氯亚明水浸泡 5 min，再用清水冲洗干净。

A. 1%　　B. 2%　　C. 0.3%　　D. 0.4%

6. 在煎盘的常用操作技巧中，大翻适宜翻动 (　　)。

A. 带汁的菜肴　　B. 少量的菜肴　　C. 量大的菜肴　　D. 煎制的菜肴

7. 为清除虫卵，在夏季洗涤蔬菜时，可用 2% 的 (　　) 水将其浸泡 5 min。

A. 氯亚明　　B. 高锰酸钾　　C. 盐　　D. 漂白粉

8. (　　) 适宜加工成横丝。

A. 圆白菜　　B. 白萝卜　　C. 胡萝卜　　D. 青椒

9. 土豆去皮后应及时用冷水浸泡是为了 (　　)。

A. 便于清洗　　B. 防止褐变　　C. 去掉多余淀粉　　D. 便于切配

10. 效果较好的肉类解冻方法是 (　　)。

A. 微波解冻法　　B. 水泡解冻法　　C. 自然解冻法　　D. 升温解冻法

11. 牛身上肉质最嫩的部位是 (　　)。

A. 上脑　　B. 里脊　　C. 外脊　　D. 里脊中段

12. 下列菜肴中，(　　) 适宜用羊肋背部肉制作。

A. 土豆烩羊肉　　B. 古拉什羊肉

C. 红酒焖羊肉　　D. 香草烤羊排

13. 下列原料中，(　　) 的初步热加工适宜采用冷水加工法。

A. 番茄　　B. 土豆　　C. 牛骨　　D. 扁豆

14. 使用沸水加工法对番茄等进行初加工的目的之一是使其表皮 (　　)，易于烹调。

A. 松动　　B. 变硬　　C. 变色　　D. 液化

15. 蔬菜加工一般原则是去除其不可食部分，清洗污物和确保 (　　) 不受损失。

A. 菜叶　　B. 维生素　　C. 菜头　　D. 可食部分

16. 花菜类原料加工时，先去除(　　)，削去花蕾上的斑点，然后将原料分成小朵。

A. 老茎　　B. 茎叶　　C. 根叶　　D. 茎花

三、判断题

1. 长时间进行刀工操作时适宜使用丁字步站法站立。　　(　　)

2. 烹调菜肴时，可连续小翻菜肴。　　(　　)

3. 握煎盘的要领是“紧而不死”。　　(　　)

4. 拉翻适宜翻动量大的菜肴。 ( )

5. 对蔬菜进行初加工的原因之一是确保其可食部位不受损失。 ( )

6. 牲畜被宰后，最好直接食用。 ( )

7. 辣根的初加工方法是：切根，用清水洗净，刮皮。 ( )

8. 猪硬肋肉适宜制作培根。 ( )

9. 猪上脑肉肉质鲜嫩，仅次于外脊。 ( )

10. 鸡腿肉肉质娇嫩，适用于扒、烩、焖、炸等烹调方式。 ( )

11. 原料初加工方法中的冷水加工法是把原料放入冷水中，再将水和原料加热至80 ℃。 ( )

12. 对原料进行初加工时，使原料变干净和保持营养成分即可。 ( )

四、简答题

1. 简述学好刀工的重要性。

2. 牛肉可分卸成几个部位？简述各部位的名称、品质及用途。

3. 简述常用根茎类蔬菜原料的初加工方法。

4. 简述在海洋鱼身上取鱼柳的步骤。

五、实训题

练习各种刀法，并根据练习情况填写表 5–1。

表 5–1　　刀法练习情况总结表

刀法	操作方法	注意事项	出现的问题
直切法			
推切法			
拉切法			
滚刀法			
锯切法			

续表

刀法	操作方法	注意事项	出现的问题
转切法			
平刀片			
反刀片			
斜刀片			
拍			
剁			

第六章　基础汤、基础少司和配菜制作

一、填空题

1. 若以颜色划分基础汤，其可分为白色基础汤和________2 种；若以制汤原料划分基础汤，其又可分为牛基础汤、鸡基础汤、________、羊基础汤等多种。

2. 少司也称________，是指厨师专门制作的菜肴的________。

3. 按少司的性质和用途，可将其分为热少司、冷少司、________3 大类。

4. 少司的制作工艺较为复杂，大多数少司是由________加工而成的。

5. 布朗少司又称________、黄汁。

6. 土豆条出品时，可配________少司，欧洲传统习惯是配蛋黄酱。

7. 常用的香料束由芹菜、百里香枝、玉桂叶、________组成。

8. 在基础汤制作中，洋葱、胡萝卜和西芹的用量比例是________。但在煮制白色基础汤时，为了让汤不产生颜色，通常用同等数量的________来代替胡萝卜。

9. 西餐烹调工艺是把少司和菜肴主料________，这是西餐烹调的一个显著特点。

10. 特殊热少司的应用范围________，它只可与某些固定菜肴搭配，常用的特殊热少司有苹果少司、芥末少司、酸奶油少司、面包少司等。

二、选择题

1. 基础汤英文名称是（　　）。

A. soup　　B. sauce　　C. stock　　D. salt

2.（　　）为热少司。

A. 荷兰少司　　B. 奶油少司　　C. 咖喱少司　　D. 以上均是

3. 制作基础汤时，应考虑综合利用原料来降低成本，要尽量选用（　　）作为制汤原料。

A. 肌肉　　B. 五花肉　　C. 骨头　　D. 肥肉

4. 制作牛基础汤的辅料有（　　）、胡萝卜、芹菜、香叶、白胡椒粒、百里香、丁香、法香。

A. 洋葱　　B. 八角　　C. 桂皮　　D. 芫荽

5. 鱼基础汤的成品标准为：色泽为白色，鱼和蔬菜的混合香味（　　）。

A. 浓厚　　B. 油腻　　C. 浓郁　　D. 鲜香

6. 基础汤是指在制作少司和汤菜时使用的（　　）汤。

A. 一般　　B. 特殊　　C. 半成品　　D. 成品

7.（　　）成品色泽为黄色。

A. 荷兰少司　　B. 基础奶油少司　　C. 布朗少司　　D. 特殊热少司

8. 白色基础汤以（　　）为原料制作而成。

A. 牛骨　　B. 鱼骨　　C. 鸡骨　　D. 蔬菜

9. 制作牛基础汤时，应先把牛骨加工成（　　），再进行汤的制作。

A. 大牛骨块　　B. 牛骨碎　　C. 小牛骨块　　D. 牛骨片

10. 制作布朗少司时必须将各种原料洗净，然后将小牛骨碎、牛肉碎料放在（　　）℃烤箱中烘烤，定时翻动烤至小牛骨碎呈褐色。

A. 150 ~ 160　　B. 170 ~ 180　　C. 190 ~ 200　　D. 200 ~ 220

三、判断题

1. 制作褐色基础汤时，如果没有猪皮，可用其他动物的肥肉代替。（　　）
2. 煮汤时应放少量盐。（　　）
3. 配菜是菜肴的装饰。（　　）
4. 煮白色基础汤时，要给汤锅盖紧盖子。（　　）
5. 鱼基础汤要长时间煮才能香味浓郁。（　　）
6. 鸡基础汤是以鸡骨为主要原料制作而成的。（　　）
7. 制作褐色基础汤的辅料有姜、土豆、芹菜、番茄酱、香叶、丁香等。（　　）
8. 特殊热少司的应用范围较小，它只可与某些固定菜肴搭配。（　　）
9. 荷兰少司的制作工艺与蛋黄酱的制作工艺十分相似。（　　）
10. 基础奶油少司的成品标准是：色泽乳白，呈稠糊状，有浓郁的牛奶香味。（　　）
11. 水产品类菜肴的配菜一般为土豆或土豆泥。（　　）
12. 西餐烹饪工艺习惯把少司与菜肴主料分开制作。（　　）
13. 制作蔬菜基础汤时，可用培根代替肥膘。（　　）

四、简答题

1. 白色基础汤和褐色基础汤的制作方法有哪些相同之处和不同之处?

2. 简述制作鸡基础汤的流程。

3. 简述少司的作用。

4. 基础白少司和基础奶油少司的主要区别是什么?

五、实训题

1. 练习调制各类基础汤，并根据练习情况填写表 6–1。

表 6–1　　基础汤练习情况总结表

名称	相关技能	制作原料	制作方法	注意事项
白色基础汤				
褐色基础汤				
鸡基础汤				
鱼基础汤				
蔬菜基础汤				

2. 练习制作各类基础少司，并根据练习情况填写表 6–2。

表 6–2　　基础少司练习情况总结表

名称	相关技能	制作原料	制作方法	注意事项
布朗少司				
基础白少司				
基础奶油少司				
荷兰少司				

第七章　头盘制作

一、填空题

1. 调味汁多用于沙拉和________的制作。

2. 调味汁基本是以________为基础原料，再加以调味品和其他原料调和而成的。

3. 蛋黄酱也称沙拉酱、沙律酱、色拉汁、________。它是西餐冷菜制作中使用的最基本的汁，可用于制作许多品种的________，也可用于制作________或作为蘸酱使用。

4. 白酒醋和________是西餐烹调中常用的调味醋，它们是用白葡萄酒或红葡萄酒加________制作而成的。

5. 鞑靼少司又称________，它的成品色泽奶白，味道________，能看到颗粒状的原料。

6. 冷头盘菜肴在取材用料上十分考究，许多菜肴都是用比较昂贵的原料制作的，如肥鹅肝、黑松露、________等。

7. 制作胶冻常用的原料是鱼胶粉和________。

8. 胶冻类菜肴的特点是________，色泽鲜艳，口味清淡，脂肪含量低，清新健康。

9. 沙拉又称沙律、________，它是________的重要组成部分。

10. 冷汤是________菜肴，大多在夏季作为冷头盘提供，有时也用在鸡尾酒会上。

二、选择题

1.（　　）适用于制作冷菜。

A. 黄油　　B. 橄榄油　　C. 大油　　D. 人造黄油

2. 千岛汁是（　　）的。

A. 乳白色　　B. 粉红色　　C. 乳黄色　　D. 棕红色

3. 制作蓝奶酪汁时，可用（　　）代替法汁。

A. 牛奶　　B. 色拉油　　C. 酸奶　　D. 奶油

4. 制作尼素沙拉使用的调味汁是（　　）。

A. 千岛汁　　B. 番茄汁　　C. 油醋汁　　D. 意大利汁

5. 冷头盘菜肴非常注重色彩搭配，讲究立体感，口味（　　）。

A. 丰富　　B. 清淡　　C. 鲜美　　D. 醇厚

6. 蛋黄酱的制作原料有：蛋黄、芥末酱、（　　）、柠檬汁、色拉油。

A. 醋精　　B. 果醋　　C. 白醋　　D. 陈醋

7. 制作鞑靼少司的主要原料是（　　）。

A. 蛋黄酱　　B. 千岛汁　　C. 意大利汁　　D. 苹果汁

8. 制作法汁的原料有：（　　）、法国芥末酱、色拉油、洋葱、蒜肉、盐、白胡椒粉。

A. 红酒醋　　B. 醋精　　C. 白醋　　D. 陈醋

9. 制作意大利汁的原料有：红葡萄酒、橄榄油、洋葱、蒜肉、（　　）等。

A. 白醋　　B. 果醋　　C. 醋精　　D. 红酒醋

10. 制作意大利汁时，将所有原料放在不锈钢锅中，上火煮（　　）min，即可关火。

A. 1　　B. 2　　C. 5　　D. 10

11. 沙拉大都具有色彩艳丽、样式清新、营养健康、（　　）的特点。

A. 通气顺肠　　B. 解腻开胃

C. 调节饮食结构　　D. 促进食用者食欲

12. 鲁道夫沙拉为（　　）菜。

A. 法国　　B. 北美　　C. 俄国　　D. 意大利

13. 车达奶酪是（　　）特产。

A. 美国　　B. 法国　　C. 希腊　　D. 意大利

14. 制作卧鸡蛋配蘑菇时，可用（　　）代替水。

A. 基础汤　　B. 牛奶　　C. 奶油　　D. 红酒

三、判断题

1. 头盘的口味一般比较浓厚。（　　）
2. 沙拉既可作头盘，也可作配菜。（　　）
3. 冷调味汁不可以搭配热菜。（　　）
4. 千岛汁是在蛋黄酱基础上演变而来的一种少司。（　　）
5. 意大利汁使用前一定要搅拌均匀，否则油和醋会分离。（　　）
6. 鞑靼少司的主要制作原料是蛋黄酱。（　　）
7. 蛋黄酱的成品标准是色泽乳白、均匀、有光泽。（　　）
8. 油醋汁的主要制作原料有色拉油、白醋、蛋黄酱。（　　）

9. 沙拉菜肴的制作原料丰富，各种蔬菜、水果、海鲜、禽蛋、肉类均可用于制作沙拉。（　　）

10. 德式土豆沙拉的辅料是鲜黄瓜、泡菜、豌豆、姜、土豆、蛋白。（　　）

11. 红菜头沙拉的主要制作原料是红菜头，辅料是生菜叶，调味品是白糖、果醋、朗姆酒、盐等。（　　）

12. 头盘包括冷头盘、热头盘、沙拉、冷汤。（　　）

13. 有的厨师在制作凯撒沙拉时，会加入生蛋黄或半熟的鸡蛋。（　　）

14. 热头盘取料广泛，加工工艺复杂，口感醇厚。（　　）

四、简答题

1. 列举 3 种以蛋黄酱为基础原料制作的汁，并简述它们的制作过程。

2. 意大利汁和油醋汁有哪些不同之处？

3. 加工蛋黄酱和法汁时，应注意什么？

4. 在制作冷菠菜汤基础上，简述冷红菜汤的制作流程。

5. 煮红菜头的注意事项有哪些？

五、实训题

在熟练掌握希腊沙拉、生蘑菇沙拉、红椰菜和苹果沙拉、冷菠菜汤的制作方法的基础上，练习制作鸡肉鲁道夫沙拉、莫斯科沙拉、鱼肉沙拉、冷红菜汤、酸黄瓜冷汤、龙虾番茄冷汤，并按要求填写表 7–1。

表 7–1 沙拉、冷汤制作总结表

名称	制作原料	制作方法	注意事项
鸡肉鲁道夫沙拉			
莫斯科沙拉			
鱼肉沙拉			
冷红菜汤			
酸黄瓜冷汤			
龙虾番茄冷汤			

第八章　汤菜制作

一、填空题

1. 汤是以畜肉、禽肉、鱼和________为原料制作而成的液体状菜肴。它的特点是品种繁多，味道鲜美，________。

2. 汤基本上可以分为 3 类：________、________和不属于前两类的特制汤。

3. 基础奶油汤是________的基础。

4. 汤类菜肴适宜________制作。

5. 浓汤是通过油脂、________增稠，或者加入一种或多种蔬菜汁增加汤的浓稠度。

6. 特制汤有________、西班牙冷汤等。

7. 鸡肉菜丝汤在新加坡被称为________。

8. 因我国国内不易购买到扁叶葱，制作西餐汤时可用________代替扁叶葱。

二、选择题

1. 莫斯科红菜汤是用（　　）制作而成的。

A. 鸡基础汤　　B. 白色基础汤　　C. 牛基础汤　　D. 混合基础汤

2. 意大利蔬菜汤是用（　　）制作而成的。

A. 煮菜的原汁　　B. 烤牛骨汤　　C. 牛基础汤　　D. 鸡基础汤

3. 制作菠菜蓉汤的原料有（　　）等。

A. 鸡基础汤　　B. 奶酪粉　　C. 火腿　　D. 牛基础汤

4. 制作海鲜汤的原料有（　　）等。

A. 橄榄油　　B. 朗姆酒　　C. 白醋　　D. 奶油

5. 普罗旺斯海鲜汤是（　　）的。

A. 乳白色　　B. 清澈透明　　C. 淡黄色　　D. 红色

6. 清汤由牛基础汤、鸡基础汤等经过调味，与适量的蔬菜和（　　）混合煮制而成。

A. 含有鲜味成分的原料　　B. 禽类原料

C. 海鲜类原料　　D. 肉类原料

7. 制作基础奶油汤时，应用（　　）将面粉炒香。

A. 大火　　B. 中火　　C. 温火　　D. 小火

8. 奶油汤是（　　），在它的基础上加上各种不同的汤料，就可制成多种类型的奶油汤。

A. 基础汤　　B. 配料汤　　C. 调味汤　　D. 风味汤

9. 目前，我国流行的意大利蔬菜汤的制作方法是用（　　）代替芸豆。

A. 黄豆　　B. 绿豆　　C. 红腰豆　　D. 花生

10. 蔬菜蓉汤大多是将各种蔬菜和（　　）一起打碎调制成的。

A. 清水　　B. 白酒　　C. 香料　　D. 基础汤

11. 制作巴黎式鱼清汤时，因鱼肉馅的黏稠度不够，所以要加入（　　）来增加其黏稠度。

A. 鸡肉馅　　B. 牛肉馅　　C. 羊肉馅　　D. 虾肉馅

12. 土豆大葱汤是以（　　）为原料制作的。

A. 鸡基础汤　　B. 基础奶油汤　　C. 小牛基础汤　　D. 牛基础汤

三、判断题

1. 蔬菜汤制作时一般不使用肉类原料。（　　）

2. 莫斯科红菜汤出品时应在其表面撒上烤面包丁。（　　）

3. 制作基础奶油汤时，若无奶油，可多放些牛奶。（　　）

4. 制作奶油汤时，若出现煳锅现象，就要把汤倒掉，重新制作。（　　）

5. 制作普罗旺斯海鲜汤时，虾要去壳。（　　）

6. 制作匈牙利牛肉汤时，牛肉最好选用牛腱肉。（　　）

7. 制作鸡肉菜丝汤时，萝卜丝和芹菜丝要煮至软烂。（　　）

8. 制作奶油蘑菇蓉汤时，要先将洋葱碎和白蘑菇片炒透，再加入基础汤。（　　）

四、简答题

1. 简述基础奶油汤的制作方法及制作时的注意事项。

2. 简述意大利蔬菜汤的制作方法。试比较意大利蔬菜汤在我国流行的制作方法和传统的制作方法的不同。

3. 在学习和实践制作牛清汤的基础上，简述鸡清汤的制作方法。

4. 在学习和实践制作鸡骨茶的基础上，简述牛骨茶的制作方法。

五、实训题

学习制作奶油芦笋汤，并在制作此汤的基础上，设计 3 款蔬菜奶油汤。请自行为汤命名并填写表 8–1。

表 8–1 蔬菜奶油汤的设计总结表

名称	制作原料	制作方法	成品标准

第九章　热菜制作

一、填空题

1. 西餐热菜烹调方法是指采用相应的措施，对经过________的食物，进行加热和调味，并将其制成菜肴的操作方法。

2. 炸是通过油传热使已________的食物快速成熟的烹调方法，具有使食物外焦里嫩或焦脆的特点。

3. 炸制食物有蘸面包糠炸、裹糊炸和________3 种方法。炸制食物时，油的温度一般控制在________℃。

4. 煎制食物有直接煎、蘸面粉煎、________和蘸面包糠煎 4 种方法，煎锅的温度应控制在________℃。

5. 炒是用较高的温度、________的油，把加工成形的较小的食物，在短时间内加工成熟的烹调方法。

6. 烩是把加工成形的食物放入锅中，加入基础汤或________，再加入各种调味品，进行________时间的加热，把食物加工成熟的烹调方法。

7. 扒是把加工成形的食物进行调味后，放入________加热，使食物表面形成网状的焦纹并成熟的烹调方法。

8. 焗是在经过初加工或经过初步热加工的食物表面浇上________，再将其用烤箱烤至成熟的烹调方法。

9. 在德国，________这道菜可称为“国菜”。

10. 通常匈牙利烩牛肉出品时，要配白米饭和________。

11. ________因其形状像英文字母 T 而得名，它的两侧分别是牛里脊和________。

12. 咖喱按颜色划分可分为黄咖喱、红咖喱、绿咖喱、黑咖喱和________。

13. 法式红酒烩鸡为法国著名菜肴，出品时可配米饭和________，并可把炒香的培根和________放在烩制好的鸡块上作装饰。

14. 水产品类菜肴口味大都比较________，烹调时调味料使用较少，着重突出原料的________。

15. 谷类原料是西餐烹调中最重要的原料之一，主要有稻类、麦类和________。

以谷类为原料制作的菜肴可简单地分为面类菜肴、饭类菜肴和________。

二、选择题

1. 下列烹调方法中，通过油传热的是（ ）。

A. 烩 B. 焖 C. 煎 D. 烤

2. 温煮时，液体的温度应控制在（ ）℃。

A. 70～80 B. 80～90 C. 100～110 D. 110～120

3. 下列原料中，（ ）适宜煎制。

A. 牛胸口 B. 猪前腿 C. 鸭掌 D. 鸡胸

4. 下列原料中，（ ）适宜炒制。

A. 牛肉块 B. 猪通脊丝 C. 厚猪通脊片 D. 排骨

5. 炒制的菜肴一般具有（ ）等特点。

A. 外焦里嫩 B. 脆嫩鲜香 C. 鲜嫩多汁 D. 软嫩多汁

6. 焖制菜肴时，一般将盛有食物的锅放在（ ）内加热。

A. 烤箱 B. 焗炉 C. 灶台 D. 蒸箱

7.（ ）适宜用烤的方法加工。

A. 体积较大的生料 B. 经过加工的半成品

C. 小块的生料 D. 带汁的熟料

8. 下列烹调方法中，（ ）是利用水蒸气为食物加热的。

A. 蒸 B. 烩 C. 焗 D. 沸煮

9. 炸制（ ）时油温要高些。

A. 鱼柳 B. 飘香猪排 C. 黄油鸡卷 D. 鸡排

10. 酥炸鱼柳出品时习惯配（ ）。

A. 奶油少司 B. 鞑靼少司 C. 咖喱少司 D. 番茄少司

11. 煎制（ ）时油温要低些。

A. 较小的鸡排 B. 较薄的猪排

C. 裹鸡蛋液的猪排 D. 较薄的鱼片

12. 煎核桃猪排的配菜是（ ）。

A. 红花米饭 B. 公爵夫人式土豆

C. 煎茄子 D. 意大利炒面条

13. 米兰式煎鸡排出品时习惯配（ ）。

A. 奶油少司 B. 鞑靼少司 C. 咖喱少司 D. 番茄少司

14. 制作肉酱少司的主要原料为（ ）。

A. 鸡肉馅　　B. 猪肉馅　　C. 牛肉馅　　D. 鱼肉馅

15. 蒸制的菜肴由于用油少，同时又在封闭的容器内加热，所以蒸制的菜肴一般比较（　　），能保持原料的原汁原味。

A. 松脆　　B. 清淡　　C. 酥松　　D. 油腻

三、判断题

1. 用焯烹调食物时，要用大火。（　　）
2. 用烤烹调食物，食物水分流失较大，食物的营养成分会有所流失。（　　）
3. 煎制的菜肴成品不一定要完全成熟。（　　）
4. 烩制的食物油脂含量较高。（　　）
5. 扒制食物时，扒炉温度要控制在 200 ℃左右。（　　）
6. 焖制食物前应把食物加工成小块或丁。（　　）
7. 有些食物烤制之前要进行初步热加工。（　　）
8. 制作俄式炒牛肉时，牛肉要选用牛腱肉。（　　）
9. 法式煮牛肉制作完成后，要逆着牛肉纤维切牛肉。（　　）
10. 炸制裹面糊的食物时油温要高一些。（　　）
11. 炒制菜肴时食物要加工得小一些。（　　）
12. 蔬菜类菜肴在西餐中常被当成主菜的配菜。（　　）
13. 甜酸烩红椰菜是意大利菜，风味特点突出。（　　）
14. 西方国家大多数人会将米饭和其他一些原料一起制作的菜肴作为主食食用。（　　）

四、简答题

1. 如何判断意大利面条为七成熟?

2. 制作煎薯饼时应注意什么?

3. 简述咖喱菜花的制作方法。

4. 在制作米兰式煎鸡排的基础上，简述米兰式煎猪排的制作方法。

五、实训题

1. 参照哥伦布炸鸡排的制作方法，制作炸鸡排和炸猪排，并填写表 9-1。

表 9-1　　炸鸡排、炸猪排制作方法总结表

名称	相关技能	准备工作	操作程序
炸鸡排			
炸猪排			

2. 在掌握了各种热菜烹调方法后，利用所学知识和技能进行创新，设计不同类型的菜肴，并把自己设计的菜肴及其制作方法等填写在表 9–2 中。

表 9–2 菜肴创新总结表

烹调方法	菜肴名称	制作原料	制作方法	注意事项	成品标准
烩					
炸					
烤					
炒					
焖					
煎					
扒					

第十章　西式早餐制作

一、填空题

1. 以套餐形式供顾客选择的自选式早餐分为美式早餐和________早餐。

2. 美式早餐起源于________，其特点是品种丰富，搭配合理，注重营养。

3. 欧陆式早餐的特点是________，食用简捷方便，以各式________为主。

4. 自助式早餐供应大概可设置以下几个区域：果汁区域、奶品区域、健康食品区域、黄油和果酱区域、________、热菜区域、现场制作鸡蛋制品区域、________。

5. 检验鸡蛋新鲜度的方法很简单，可以将鸡蛋浸入水中，沉落于杯底的鸡蛋________。

6. 煮鸡蛋的成熟度分 3 种：________，半熟的蛋，全熟的蛋。

7. 在制作一面煎鸡蛋时，要使用________，否则鸡蛋会煎过火，蛋白中会出现________。

8. 培根是经过加工的熏肉产品，有猪肉培根和牛肉培根 2 种。培根中大概含有 70% 的________。

二、选择题

1. 制作半熟的水煮蛋应使用小火将蛋煮（　　）min。

A. 2 ~ 2.5　　B. 3 ~ 5　　C. 6 ~ 8　　D. 10 ~ 12

2. 制作全熟的水煮蛋要用小火将蛋煮（　　）min。

A. 10 ~ 12　　B. 4.5 ~ 6　　C. 3 ~ 5　　D. 3 ~ 3.5

3. 制作法式煎蛋卷要使用（　　）。

A. 中小火　　B. 热油　　C. 小火　　D. 大火

4. 鸡蛋要用（　　）煮。

A. 大火　　B. 中火　　C. 小火　　D. 中大火

5. 制作早餐薯饼时，要先将土豆煮至（　　）熟。

A. 五成　　B. 七成　　C. 八成　　D. 十成

6. 制作扒番茄时，将番茄洗净、加工后，要在其表面抹上（　　）再煎制。

A. 番茄少司　　B. 香草少司　　C. 奶油　　D. 黄油

7. 制作香草炒蘑菇时，不建议用（　　）。

A. 蟹味菇　　B. 口蘑　　C. 鸡腿菇　　D. 意大利香菌

8. 制作卧鸡蛋时，要先将水和（　　）倒入少司锅内加热。

A. 白醋　　B. 橄榄油　　C. 牛奶　　D. 盐

三、判断题

1. 欧陆式早餐比美式早餐丰富。（　　）
2. 零点早餐菜单上菜肴品种较多。（　　）
3. 西式早餐中常见的饮料品种有咖啡、红茶、热巧克力及各种果汁等。（　　）
4. 要用专用的煎盘煎蛋，煎盘和油必须干净。（　　）
5. 法式煎面包的做法是将切好的面包片蘸上蛋液，在煎锅中用清黄油煎成金黄色。（　　）
6. 制作煎蛋卷时不要搅动鸡蛋，否则影响蛋卷成型。（　　）

四、简答题

1. 美式早餐和欧陆式早餐各包含哪些品种的菜肴?

2. 自助式早餐有什么特点?

3. 制作早餐肠有哪些注意事项?

4. 简述卧鸡蛋的制作要点。

五、实训题

练习制作煮鸡蛋、卧鸡蛋、一面煎鸡蛋、两面煎鸡蛋、煎蛋卷、炒鸡蛋等蛋类菜肴，结合自己所学知识认真总结并填写表 10–1。

表 10–1 蛋类菜肴制作总结表

名称	原料准备	制作方法	成品标准	注意事项
煮鸡蛋				
卧鸡蛋				
一面煎鸡蛋				
两面煎鸡蛋				
煎蛋卷				
炒鸡蛋				

第十一章　西式快餐与西式小吃制作

一、填空题

1. 快餐又称________，是指可在短时间内提供给顾客，同时客人食用起来很方便的食品。

2. 常见的快餐品种有三明治、________、热狗、比萨饼等。

3. 三明治是一种以________命名的美味快餐食品。

4. 烤三明治又称架烤三明治，是在面包片表面涂________，再将其放入烤箱中烘烤制而成。

5. 汉堡包的发源地是________。

6. 汉堡包有牛肉汉堡包、鸡肉汉堡包、________、羊肉汉堡包等品种。

7. 热狗是非常受欢迎的快餐，是把热的________夹在梭形面包内制成的一种方便食品。

8. 食用热狗时通常配________、番茄少司或专用的热狗酱。

9. 最具特色的法国冷小吃是各种________，著名的意大利冷小吃是各种法包托，西班牙的小吃总称为塔巴斯。

10. 热小吃是人们在________上和饮茶时常食用的食品。它的制作工艺不算复杂，烹调方法以炸、煎、烤等为主。

11. 热小吃大多汤汁很少，所配的________也都以蘸酱的形式提供。

二、选择题

1. 传统汉堡包的主料是（　　）。

A. 猪肉饼　　B. 鸡肉饼　　C. 牛肉饼　　D. 小泥肠

2. 俱乐部三明治由（　　）面包片、鸡肉或火鸡胸片等制成。

A. 2 片　　B. 4 片　　C. 3 片　　D. 1 片

3. 制作牛肉汉堡包时，牛肉要选用（　　）。

A. 牛腱肉　　B. 牛腹肉　　C. 米龙　　D. 牛腩

4.（　　）中可夹入多种配料，如黄油、芥末酱、番茄片、奶酪片等。

A. 汉堡包　B. 蛋卷　C. 三明治　D. 奶黄包

5.（　　）制作时通常在面包内夹香肠。

A. 三明治　B. 冷狗　C. 热狗　D. 汉堡包

6. 煎法兰克福肠要用（　　）。

A. 大火　B. 中火　C. 小火　D. 中小火

7. 制作（　　）时应把小圆面包从中间片开，夹上肉饼和奶酪，放入烤箱中烤透。

A. 蛋卷　B. 奶酪汉堡包　C. 三明治　D. 奶黄包

8. 下列选项中，不属于热小吃特点的是（　　）。

A. 出品速度快　B. 品种丰富　C. 分量较少　D. 装饰简单

9. 意式法包托用（　　）垫底。

A. 面包片　B. 法包　C. 小圆面包　D. 全麦面包片

10. 制作迷你汉堡包的原料包括（　　）等。

A. 金枪鱼　B. 萨拉米肠　C. 牛肉饼　D. 千岛少司

三、判断题

1. 多数小吃能用手直接取食。（　　）

2. 制作炸三明治时，通常将其放在烤架上烤制。（　　）

3. 制作三明治时需在面包片上抹芥末酱和番茄少司。（　　）

4. 热小吃要现卖现做，不可使用半成品制作。（　　）

5. 制作迷你汉堡包时，要将牛肉饼煎至全熟。（　　）

6. 制作俱乐部三明治时，可用蛋黄酱代替软黄油。（　　）

四、简答题

1. 迷你汉堡包与牛肉汉堡包的区别是什么？

2. 制作热狗应使用什么品种的香肠？为什么？

3. 简述炸洋葱圈的制作方法。

五、实训题

1. 通过学习，制作牛肉汉堡包并填写表 11–1。

表 11–1　　制作牛肉汉堡包任务书

菜肴名称	牛肉汉堡包							
成品标准								
准备工作	原料							
	工具							
制作方法								
存在的问题								
改进方法								
小组评议	优		良		合格		不合格	
教师评价	优		良		合格		不合格	

2. 通过学习，制作俱乐部三明治并填写表 11-2。

表 11-2　　制作俱乐部三明治任务书

菜肴名称	俱乐部三明治							
成品标准								
准备工作	原料							
	工具							
制作方法								
存在的问题								
改进方法								
小组评议	优		良		合格		不合格	
教师评价	优		良		合格		不合格	